青少年密码

科普读物

高玉龙 杨义先 梁兵杰 ｜ 著

范文庆 吴俊桥 ｜ 主编

上海三联书店

目　录

前　言

　　密码的历史非常悠久，在古代和近代战争中，密码作为传递秘密信息和保护机密信息的重要工具被广泛应用，甚至在战争中占据举足轻重的地位。近现代以来，随着先进科学技术的应用，密码学已经成为了一门综合性的尖端技术科学。

　　互联网时代，随着物联网、大数据、云计算等新技术、新应用的迅猛发展，海量的公民个人隐私信息和法人敏感信息数据通过网络存储、传播和扩散，信息泄露、窃取、伪造等隐私问题也随之而来。密码作为目前世界上公认的、保障网络与信息安全最为有效、可靠、经济的关键核心技术，已经被广泛应用于我们的日常生活中，保护我们的隐私数据。

　　密码不仅是保护公民个人隐私信息的可靠技术，更是保障国家安全的基础和先决条件。

　　我们的国家高度重视密码技术的发展和应用，2019 年 10月 26 日，十三届全国人大常委会第十四次会议通过《中华人民共和国密码法》（以下简称密码法），于 2020 年 1 月 1 日起正式施行。密码法第十条规定："国家采取多种形式加强密码安全教育，将密码安全教育纳入国民教育体系和公务员教育培训体系，增强公民、法人和其他组织的密码安全意识。"

　　为积极响应国家政策，积极开展密码安全教育，本书面向青少年学生科普密码技术的知识。

　　本书共分为上、中、下三册，由浅至深讲解密码学知识。上册主要介绍密码历史以及生活中的密码应用；中册主要介绍古典密码和现代密码的经典代表和主要特点；下册主要介绍经典密码算法的实现和使用。

在读完本书后，希望大家都能学会简单基本的密码技术，掌握密码学与信息安全的基础知识，增强保护个人隐私以及保护国家机密安全的意识。

青少年密码科普读物·上册

第一单元 "口令"与"密码"

小朋友们，在图书或者电影中，你们一定看过或者听说过关于破解密码的故事吧。

破译者他们好像一个个技艺高超的侠客，凭借自己高超的密码技术，轻易地破解网络中的密码，获得正确的信息，是不是很酷呢？那么在真实的世界中，密码技术是如何保护信息的呢？

　　这本书将会向小朋友们打开密码世界的大门，通过阅读这本书，你们对密码技术将有一个新的理解和认识。现在，让我们一起来学习密码技术，走进神秘的密码世界吧！

口令

很久以前，密码技术主要被用于传递隐秘或重要的情报、消息等，大多是在军事、国防等涉及国家安全的应用领域中。

　　而现在，随着计算机技术的发展和互联网技术的广泛应用，密码技术已经广泛存在于我们的日常生活中，例如电子邮箱使用、银行业务办理、支付宝或微信支付、手机身份验证、登录网站个人账号等。

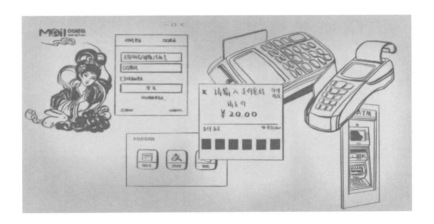

　　探索密码技术的奥秘，我们首先要了解在密码世界中的两个非常重要的概念——"口令"与"密码"。

口令? or 密码?

　　一般来说，口令是可识别的，密码是不可识别的。我们在输入口令后，如果口令在验证前需要经过加密处理得到另一组数据，并与服务器终端进行验证。在这种情况下，我们输入的口令变成了密码。

　　下面，我们一起通过一则小故事来理解"口令"和"密码"的含义。大家一定都知道《一千零一夜》中"阿里巴巴与四十大盗"的故事吧。那些大盗们把自己抢劫的金银财宝都藏在了山洞中，在洞前设置了巨大的石门。只有在这个石门前正确地喊出咒语——"芝麻开门"四个字，石门才会打开。在这里，咒语"芝麻开门"就是口令，口令的使用保证了他们所藏宝藏的安全。就像我们登录的电子邮箱一样，输入自己设置的账号和对应正确的口令，就能登录自己的个人电子邮箱。

想一想：生活中，你曾经有设置过口令的经历吗？

密码

　　上面已经讲了，大盗们通过大喊口令——"芝麻开门"，打开了大门。但是大门并不是人类，它无法明白"芝麻开门"的含义。但它可以把表示"芝麻开门"的口令转换成自己能够理解的开门指令。比如开门的指令为"xjsh123dk"，这个指令是杂乱无序且难以理解的，但大门可以识别。当大门对来访者的口令进行处理，如果该口令转换后的指令和开门指令"xjsh123dk"相一致，门就打开了。反之，就无法开门，这样就保证了宝藏的安全。其中开门指令"xjsh123dk"就是密码。在计算机的世界中，我们登录邮箱时所输入的口令，一般都会经过加密处理，得到一串新的乱序的字符串，这个字符串就是我们每个账户真正的密码。

　　在本书中，我们将通过学习密码技术，保护自己和大家的
信息安全！

第二单元 "密码"的起源

　　"密码"的起源主要是一些符号的使用。根据资料显示，有实际文物可证明的最早专用的密码符号，出现在公元前 1900 年左右，距今有近 4000 年的历史。

公元前 1900

　　这些密码符号密密麻麻地被纵向镌刻在古埃及贵族克努霍特普二世的墓壁上。根据研究发现，这些密码符号替代了传统的象形文字，是目前已知的最古老的替换密码。

kǒu
口

ěr
耳

mù
目

rì
日
⊙

yuè
月

huǒ
火

隐写术

隐写术，指的是将文字隐藏的技术。最早记载出自《历史》一书，讲的是在公元前 5 世纪，希腊和波斯爆发了一场战争。

一个希腊流亡者，为了躲过敌人的搜捕，并把信息传回祖国，他首先把信息写在一块刮去石蜡的木片上。然后，用新的石蜡将信息覆盖，涂抹在木片上。收信人就把石蜡的一层刮掉，木片上的信息就出现在收信人的眼前。

石蜡

后来人们利用植物汁液做成"隐形墨水"。写信人使用隐写植物乳液在纸张上书写信息，纸张晒干信息就会消失。收信人通过加热纸张就能看到隐藏的信息。

恺撒密码

恺撒密码的原理很简单。假设密钥为 3，则将信息中的每个英文字母，按照其在字母表中的顺序，使用其位置后的第三个字母来代替表示，形成一串新的字母，这样就得到了恺撒密码加密后的信息。

例如，当发件人想要传递一个信息为"a dog"（一只狗）的时候，就可以通过这种加密方式将这个信息加密成一个密文"d grj"。收件人收到这个信息后，按照之前的约定，对这个信息进行解密，按照恺撒密码的加密方式，字母"d"就解密成了"a"，"grj"也解密成了"dog"。这样，这个密文信息"d grj"就成功解密成了明文信息"a dog"。

想一想：假设密文为"nvvk"，密钥是7，那么你能还原出发件人的信息吗？

中国烽火台密码

烽火台经常被用来传递战争警报信息并加密信息。当遇到外敌入侵，士兵在烽火台上就会以白天放烟、晚上生火的方式，向远方的哨兵传递外敌入侵的情报。

古代周幽王为了让自己的妃子开心，就曾使用乱点烽火台的方式来戏弄诸侯，这就是"烽火戏诸侯"的故事。

想一想：小朋友们，你们思考一下，烽火台传递信息有什么优点和缺点呢？

字验密码

在中国历史中，最早涉及密码的官方著作是宋朝的《武经总要》，其中介绍了一种信息加密的方法——字验。

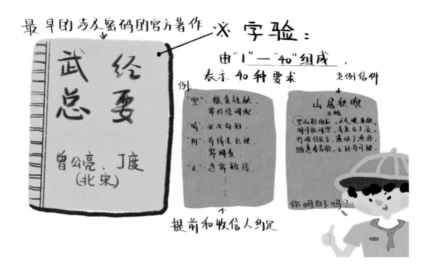

它的加密和解密的原理很简单。首先，通信双方事先约定某首五言律诗，共 40 个字。例如约定的是唐朝诗人王维的五言律诗《山居秋暝》：

空山新雨后，天气晚来秋。

明月松间照，清泉石上流。

竹喧归浣女，莲动下渔舟。

随意春芳歇，王孙自可留。

其次，双方在事前约定用 1 到 40 表示 40 种情况。例如，用"1"表示"粮食短缺，请求支援粮草"。于是，若边疆出现粮草短缺，请求补充粮草的时候，指挥官就可以向后方写一封书信，其中包含五言律诗的第一个字"空"，并对这个"空"字做一个标记。当将军收到这封信后，看到"空"字就知道了前方士兵出现粮草短缺的情况，并马上向对方提供粮草增援。

想一想：小朋友们可以两人一组，试试用字验密码的方式，互相进行加密通信。

第三单元　身边的"密码"

　　当前，随着科学技术的发展，特别是信息化时代的到来，计算机技术和互联网技术极大地改变了我们日常生活的通信模式。因此，为了加密我们生活中传递的各种各样的数据信息，密码技术得到了发展和改变，在保护我们信息安全方面的应用越来越广泛。

生活中的密码

　　居民身份证在我们的日常生活中非常重要，在外出旅行、办理银行卡等情况中，都会使用到我们的身份证。为了防止身份证伪造，居民身份证自设计阶段起就建立了完整的数字密码防伪技术体系。并且，内部还设置了特殊的芯片用于存放个人信息，并对信息采用了特定的加密算法，增强其防伪性能。

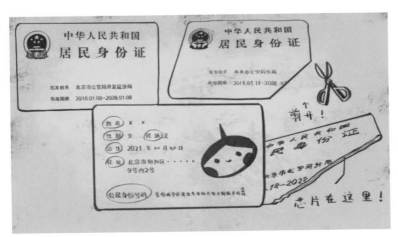

想一想：小朋友们，为什么身份证需要使用密码技术呢？

　　除此之外，还有网上银行、社保卡等，也都用到了密码技术。

社保卡利用密码技术为用户提供医保交易密码、社保卡查询密码、社保卡金融账户密码等。

电子邮件中的密码

　　为了提高邮件信息的安全性，通常利用密码技术对邮件进行加密处理。

例如在电子邮件中就会用到对称加密算法。我们用下面的故事来说明，假如白马王子想给白雪公主写一封信，但是他很担心信件被皇后看到，怎么办呢？

白马王子准备一个坚固结实的木箱子，并在外面加了一把锁。然后他把钥匙复刻了一把，交给白雪公主。当两个人需要进行书信往来的时候，白马王子就把他的信件放在这个木箱子里，并锁住箱子交给信使。白雪公主从信使手中拿到箱子后，就可以用钥匙打开箱子查看信件。在这个过程中，由于信使和皇后没有开锁的钥匙，所以就没有办法打开箱子查看信件了。

在这个故事中，坚固的箱子和锁就是对称加密算法。钥匙就是密钥，它可以解开加密算法，将密文恢复成明文。

对称加密算法

优 算法公开·计算量小
加密速度快·效率高

缺 需要保证
密码的传递·保存·
交换

安全性 低 ↓

想一想：小朋友们，你还能找到身边哪些地方用到了密码技术吗？

第四单元 "密码"的作用

我们身边的密码就像是一支士兵队伍，时刻保卫着我们的信息安全。密码技术在网络信息安全方面发挥着十分重要的作用，包括实现信息的机密性、数据完整性和不可否认性等。

保证信息的机密性

信息的机密性即信息的安全和保密，确保通信的信息不会被未经许可的人查看。信息的机密性是网络与信息安全的主要属性之一。

保证
信息机密性！

随着科技的发展，各种类型的加密算法被提出，例如对称密码算法、非对称密码算法、格密码算法、量子密码算法等。

通信的双方一般可以分为发送方和接收方两个人，大多通过对发送方的原始数据和加密密钥进行运算，生成一段无法理解的密文数据。然后，通过信息传输信道传递给接收方，接收方利用解密的密钥对数据进行解密的计算，就能够获得明文。这就像在第三单元中，白马王子和白雪公主就是通过这样的过程来保护信息机密性的。

想一想：小朋友们，密码技术是如何使白马王子和白雪公主的通信实现机密性的？

验证信息的完整性

如果那些坏人把密文信息"截取"下一块文字，那白雪公主收到信件后，能发现密文信息不完整了吗？

在密码技术中，一般使用哈希算法来验证信息的完整性。在发送方传递信息的时候，他会先使用哈希算法生成摘要。发送方将摘要附加到要传递的信息上并发送给接收方。

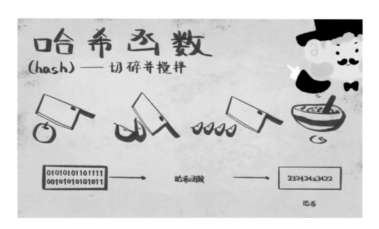

接收方只需要使用哈希算法对信息进行计算，得到一个新的摘要。然后将这个新的摘要与发送方附带的摘要进行比对。

如果这两个摘要是一样的，那就说明这个文件没有被改动。反之，则说明信息已被篡改。

保证信息机密性
保证信息不可否认性
验证信息完整性
这是密码技术
最常用到的喽！

密码技术还有很多重要且有趣的用途。让我们一起更加深入地学习密码技术，挖掘出藏在密码领域中的"宝藏"吧！

和我一起探索吧！

青少年密码科普读物·中册

第一单元　古典密码理论

恺撒密码

　　恺撒密码是一种最简单且最广为人知的加密技术，也是一种典型的替换加密技术。它的加密原理是将所有的英文字母按照顺序依次向前移动 k 位，数字 k 由通信双方提前约定，他人无法得知，这样就可以保证通信加密的安全性，从而生成一个只有通信双方可以看懂的密文信息。假设其中 k = 6，那么明文与密文有如下表中的对应关系：

明文	A	B	C	D	E	F	G	H	I
密文	G	H	I	J	K	L	M	N	O
明文	J	K	L	M	N	O	P	Q	R
密文	P	Q	R	S	T	U	V	W	X
明文	S	T	U	V	W	X	Y	Z	
密文	Y	Z	A	B	C	D	E	F	

　　恺撒密码的加密、解密方法背后是数学中的同余原理。首先，我们可以假设每一个字母用数字依次代替，即 A = 0，B = 1，……，Z = 25。此时偏移量为 k 的加密方法即为：

$$E_k(x) = (x + k)\, mod\, 26$$

其中 mod 是求余的函数，例如在除法计算中，5 除以 3 的余数为 2，则可以用 $5 \, mod \, 3 = 2$ 表示。

同理，解密的方法可以用下列公式表示：

$$D_k(x) = (x - k) \, mod \, 26$$

这样，我们把数字转换回字母，就可以知道明文的信息了。这就是恺撒密码，即替换加密技术的原理。

波利比奥斯密码

公元前 2 世纪，一个希腊人波利比奥斯设计一个棋盘表，也被称为波利比奥斯棋盘表，该表由一个 5 行 5 列的棋盘一样的网格组成，网格中排列了 26 个英文字母，其中 I 和 J 在同一格中。Polybius 校验表如下表所示。

	1	2	3	4	5
1	A	B	C	D	E
2	F	G	H	I/J	K
3	L	M	N	O	P
4	Q	R	S	T	U
5	V	W	X	Y	Z

在加密其中的一个字母的时候，就可以用数字的先行数后列数的方式进行表示。通过这种方式，每一个字母都可以用两个数字进行表示。例如，"你好"的英文单词是"HELLO"，则可以通过波利比奥斯密码加密，变成数字组成的密文：23 15 31 31 34。

第二单元　现代密码战略

对称密码

　　对称密码是现代密码算法中非常经典的密码算法，其特点是对信息的加密和解密都采用同一个密钥。形象地说，一个对称密码算法，就像是一个带锁的箱子。甲乙双方各自在事先准备好能打开这把锁的钥匙，双方的钥匙是相同的。通信时，发送方将信息放在箱子里用锁锁好，然后通过一个公开渠道传递给接收方。接收方收到这个箱子后，就可以通过自己手中的钥匙打开锁，看到信息。由于在箱子传递过程中，只有通信双方有钥匙，其他人没有钥匙，无法打开锁，因此才能保证信息的安全，不会被别人获知信息。重要的对称密码算法有很多，例如 DES 算法、AES 算法等。

非对称密码

　　对称密码虽然安全，但是需要双方事前约定密钥信息，即通信双方交换数据建立共享密钥的过程，保证密钥交换的安全性。这就使得密钥在交换过程中易被攻击者窃取，增加密文被破译的风险。为了解决此安全漏洞，非对称密码被提出。非对称密码也称为公钥密码，其最初的思路来自美国学者迪菲（Diffie），指的是在非对称密码算法中，有一个加密密钥和一个解密密钥，两者互不相同，其中加密密钥是可以公开的。

抗量子密码

　　随着量子计算的研究和发展，具备强大算力的量子计算机可以破解以往基于经典数学困难问题的密码算法，这对于非对称密码算法的安全性构成巨大威胁。因此，人们开始研究能够抵抗量子计算攻击的密码算法，保证量子计算时代下信息的安全性。由此，抗量子密码应运而生。能够抵抗量子计算的密码算法都可以称为抗量子密码算法。

第三单元　红色密码起底

电报机和摩斯密码

摩斯密码是一种特殊的信号代码，这种信号代码的形式主要以点（●）与划（—）所构成。其中，时间短促的点信号表示为点（●），而保持一定时间的长信号则表示划（—）。通过不同的排列顺序来表达不同的英文字母、数字和标点符号。

我们的红军战士在信息传输中也使用过摩斯密码。电影《永不消失的电波》中李侠的原型李白，用的就是这种电报机和摩斯密码。

周恩来和豪密

1931 年，为了确保党组织的核心机密不被敌人破解查获，周恩来来到上海，他根据当时所获得的各种秘密本资料，结合苏联无线电通信的宝贵经验，利用中国汉字和阿拉伯数字的特点亲自编制了中国共产党的第一本通讯密码——豪密。当时，共产党地下工作者身处敌人所在的城市，为了隐藏自己的真实身份，往往会给自己取一个别名。周恩来当时就是用"伍豪"的名字参与党的地下工作的。因此，这一套新的密码就用周恩来的别名来命名，所以将其称为豪密。

第四单元　密码是国家安全的基石

我们国家一直非常重视信息安全，特别是密码技术的发展。2014年2月27日，习近平主持召开中央网络安全和信息化领导小组第一次会议时强调："没有网络安全就没有国家安全，没有信息化就没有现代化。"党的十八届五中全会、"十三五"规划纲要都对实施网络强国战略、"互联网＋"行动计划、大数据战略等作了部署。

2019年10月26日，十三届全国人大常委会还审议通过了《中华人民共和国密码法》，该法共有五个章节的内容。围绕"什么是密码、谁来管密码、怎么管密码、怎么用密码"等问

题，对密码法的法条进行逐条释义和深入阐释，对重点问题和制度设计的立法考虑和立法原意作详尽解读，并自 2020 年 1 月 1 日起正式施行。

青少年密码科普读物·下册

第一单元　密码学基础

密码学发展历程

一般来说，密码学的发展可以分为以下三个阶段：

（1）古代—1949年以前，这是密码学的第一阶段。这一时期的密码学被称为古典密码学。在这一阶段中，密码算法的加密原理还相对比较简单，安全性不强。它主要是通过形象的艺术图像表达或简单的代换重构的方式来加密明文，获得无法读取的密文，达到隐藏信息含义的目的。在这些古典密码算法中，比较著名且重要的算法有恺撒密码、转轮密码等。

（2）1949年—1975年，这是密码学的第二阶段。在1949年，美国著名的科学家"信息论之父"香农（Shannon）完成了现代密码学奠基性的重要著作——《保密系统的信息理论》。在文中，他为密码系统提供了一套完整的数学基础理论，并提出利用数学困难问题来构造和设计密码学算法。自从香农的成果问世后，密码学成为了一门基于数学理论的严谨学科，即发展成为"现代密码学"。这一时期的密码学算法主要以对称密码体制的研究为主。

（3）1976年—现在，这是密码学的第三阶段。针对密钥的分发与管理困难的问题，迪菲（Diffie）和赫尔曼（Hellman）两人在1976年发表了著名论文《密码学的新方向》(New Direction in Cryptography)。这篇论文解决了在密码通信过程中密钥安全的问题，并由此开创了我们所熟知的公钥密码体制。

密码学研究

在密码编码学中，为保密通信而设计了各种类型的密码体制，如对称密码体制、非对称密码体制、哈希密码体制等。这些密码体制为我们的通信安全发挥了重要的作用。在一个密码通信过程中，参与方一般有三类：第一类是信息的发送方，也称为加密方，他将自己要发送的明文信息通过加密密钥进行加密，生成密文后通过通信信道发送给信息的接收方。第二类是信息的接收方，也称为解密方。他收到发送方发来的密文后，可以通过解密密钥对密文进行解密，得到对方的明文信息。第三类是密码的攻击者，也称为破译者。他根据情况使用各种密码攻击方式，对加密信息进行破解。

第二单元　简单的密码实验

摩斯密码实验

实验目的

（1）通过本次实验，理解摩斯密码加密和解密原理。

（2）熟练掌握摩斯密码，学会摩斯密码的使用流程和实现方法。

实验内容

通过学习本次摩斯密码的实验，掌握摩斯密码的原理，能够将特定的明文信息按照摩斯密码的形式进行加密，生成正确的密文信息。

摩斯密码原理

摩斯密码，又称摩尔斯电码，它是一种时通时断的信号代码，通过不同的排列顺序来表达不同的英文字母、数字和标点符号。如下面的摩斯密码对照表所示，摩斯密码是一种特殊的信号代码，这种信号代码的形式主要以点（●）与划（—）所构成。其中，时间短促的点信号表示为点（●），而保持一定时间的长信号则表示划（—）。通过不同的排列顺序来表达不同的英文字母、数字和标点符号。

实验环境

Windows 操作系统，摩尔斯电码转换工具。

实验步骤

　　加密

（1）通过学习摩斯密码，根据明文信息"hello world"的内

摩斯密码对照表

字符	摩斯密码	字符	摩斯密码
A	· —	X	— · · —
B	— · · ·	Y	— · — —
C	— · — ·	Z	— — · ·
D	— · ·	0	— — — — —
E	·	1	· — — — —
F	· · — ·	2	· · — — —
G	— — ·	3	· · · — —
H	· · · ·	4	· · · · —
I	· ·	5	· · · · ·
J	· — — —	6	— · · · ·
K	— · —	7	— — · · ·
L	· — · ·	8	— — — · ·
M	— —	9	— — — — ·
N	— ·	,	— — · · — —
O	— — —	.	· — · — · —
P	· — — ·	?	· · — — · ·
Q	— — · —	;	— · — · — ·
R	· — ·	:	— — — · · ·
S	· · ·	,	· — — — — ·
T	—	–	— · · · · —
U	· · —	/	— · · — ·
V	· · · —	)或(	· · — — · —
W	· — —		

容，用摩斯密码进行书写，得到对应的密文信息。

（2）通过摩尔斯电码转换工具，在明文的输入栏输入明文信息"hello world"，选择明码转为摩尔斯电码，点击转换，获得一段相应的摩斯密码密文信息。

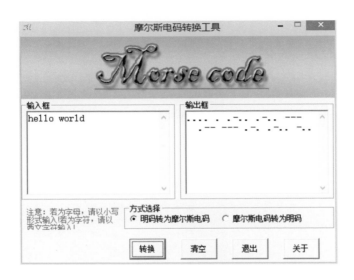

（3）在相同的明文信息情况下，将自己手写的密文信息与经过摩尔斯电码转换工具生成的密文信息进行比较，验证是否加密正确。

解密

（1）自己手动尝试对密文信息"--. --- --- -.. .--- --- -..."进行解密。

（2）将以上内容输入到摩尔斯电码转换工具的输入框中，选择摩尔斯电码转为明码，点击转换，获得相应的明文信息。

（3）在相同的密文信息情况下，将自己手写解密的明文信息与经过摩尔斯电码转换工具解密的明文信息进行比较，验证是否解密正确。

恺撒密码实验

实验目的
（1）通过本次实验，理解恺撒密码加密和解密原理。
（2）熟练掌握恺撒密码，学会恺撒密码的使用流程和实现方法。

实验内容
通过学习本次恺撒密码的实验，掌握恺撒密码的原理，能够将特定的明文信息按照恺撒密码的形式进行加密，生成正确的密文信息。

恺撒密码原理
恺撒密码加密原理是设密钥为一个正整数 k，加密时将所有的英文字母按照顺序依次向前移动 k 位。从而生成一个只有通信双方可以看懂的密文信息。其中，由于密钥 k 由通信双方提前约定，他人无法得知，这样就可以保证通信加密的安全性。假设其中密钥 k = 6，那么明文与密文有如下表中的对应关系：

明文	A	B	C	D	E	F	G	H	I
密文	G	H	I	J	K	L	M	N	O
明文	J	K	L	M	N	O	P	Q	R
密文	P	Q	R	S	T	U	V	W	X
明文	S	T	U	V	W	X	Y	Z	
密文	Y	Z	A	B	C	D	E	F	

恺撒密码的加密、解密方法背后是数学中的同余原理。其可以通过同余的数学方法进行计算。首先，我们可以假设每一个字母用数字依次代替，即 A = 0，B = 1，……，Z = 25。此时偏移量为 k 的加密方法即为：

$$E_k(x) = (x + k) \bmod 26$$

其中 mod 是求余的函数，例如在除法计算中，5 除以 3 的余数为 2，则可以用 $5 \bmod 3 = 2$ 表示。

同理，解密的方法可以用下列公式表示：

$$D_k(x) = (x - k) \bmod 26$$

这样，把数字转换回字母，就可以知道明文的信息了。这就是恺撒密码加密和解密的原理。

实验环境

Windows 操作系统，恺撒密码工具。

实验步骤

加密

（1）通过学习恺撒密码，根据明文信息"hello world"的内容，密钥为 6，用恺撒密码进行书写，得到对应的密文信息。

（2）双击打开密码工具 caesar.exe，按照提示指令，输入数字 1，进入"加密"操作。结果如下图所示。

（3）根据文字指令提示，在明文的输入栏输入小写字母的明文信息"hello world"，然后点击回车键，完成明文信息的录入过程。结果如下图所示。

（4）根据文字指令提示，在密钥的输入栏输入一个 26 以内的正整数，实验以正整数"6"作为密钥，然后点击回车键，完成密钥的录入过程。程序会根据明文和密钥信息，自动执行恺撒密码算法的加密算法，并输出加密后的密文信息。结果如下图所示。

45

（5）在相同的明文信息和密钥情况下，将自己手写的密文信息与经过密码工具 caesar.exe 生成的密文信息进行比较，验证是否加密正确。

解密

（1）已知密文信息"owwl rwj"，密钥为 8，对该密文信息进行解密，获得明文信息。

（2）根据文字指令提示，输入数字 2，进入"解密"操作状态，结果如下图所示。

（3）根据文字指令提示，在密文的输入栏输入小写字母的密文信息"owwl rwj"，然后点击回车键，完成密文信息的录入过程。结果如下图所示。

（4）根据文字指令提示，在密钥的输入栏输入一个 26 以内的正整数，实验以输入正整数"8"作为密钥，然后点击回车键，完成密钥的录入过程。程序会根据密文和密钥信息，自动执行恺撒密码算法的解密算法，并输出解密后的明文信息。结果如下图所示。

（5）在相同的密文信息和密钥情况下，将自己手写的明文信息与经过密码工具 caesar.exe 解密的明文信息进行比较，验证解密是否正确。

（6）恺撒密码实验结束后，根据指令，输入数字"3"，退出密码工具 caesar.exe。

Vernam 密码算法实验

实验目的

（1）通过本次实验，理解 Vernam 密码加密和解密原理。

（2）熟练掌握 Vernam 密码，学会 Vernam 密码的使用流程和实现方法。

实验内容

通过学习本次 Vernam 密码的实验，掌握 Vernam 密码的原理，能够将特定的明文信息按照 Vernam 密码的形式进行加密，生成正确的密文信息。

Vernam 密码原理

　　Vernam 密码是一种序列密码，密钥序列完全独立且随机，其加密原理巧妙利用了计算机的二进制的特性和"一次一密"的安全优势，保证了 Vernam 密码算法的安全性。加密原理是选择一个随机的二元数字序列（由"0"和"1"组成）作为加密密钥，设密钥为 $key = k_1 k_2 k_3 k_4 \cdots k_i \cdots$，$k_i \in [0, 1]$ 表示。明文信息数据同样转化为二元数字序列 $m = m_1 m_2 m_3 m_4 \cdots m_i \cdots$，$m_i \in [0, 1]$。

　　加密过程是将明文信息和密钥的两串二元数字序列逐位相加。即使用如下公式进行加密：

$$c_i = m_i + k_i \bmod 2，其中 i = 1, 2, 3, \cdots$$

即可将明文加密成密文信息的二元数字序列。

　　解密过程是用密钥和密文的二元数字序列进行逐位模 2 相加。即使用如下公式进行解密：

$$m_i = c_i + k_i \bmod 2，其中 i = 1, 2, 3, \cdots$$

　　即可将密文恢复成明文信息的二元数字序列。这就是 Vernam 密码加密和解密的原理。

实验环境

　　Windows 操作系统，Vernam 密码工具。

实验步骤

　　加密

　　（1）通过学习 Vernam 序列密码，根据明文信息"hello world"的内容，密钥为 6，用 Vernam 序列密码进行书写，得到对应的密文信息。

（2）双击打开密码工具 vernam.exe，按照提示指令，输入数字 1，进入"加密"操作。结果如下图所示。

（3）在该文件目录下新建一个文本文档 plain1.txt。在该文档中输入小写字母的明文信息"hello world"并保存。

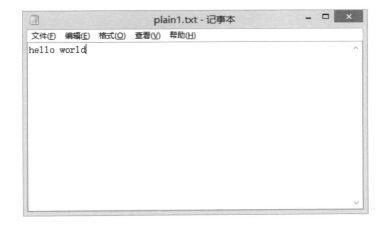

（4）根据文字指令提示，在输入明文文件名的地方输入 plain1.txt。然后点击回车键，完成明文信息的录入过程。结果如下图所示。

（5）在该文件目录下新建一个作为加密密钥的文本文档 key.txt。在该文档中输入密钥信息"abcdefghijk"。由于 Vernam 序列密码的要求，密钥长度应该与明文字节长度相同（包含空格），因此密钥如上输入并保存。

（6）根据文字指令提示，在输入密钥文件名的地方输入 key.txt。然后点击回车键，完成密钥的录入过程。程序会根据明文和密钥信息，自动执行 Vernam 序列密码算法的加密算法，并输出加密后的密文信息。结果如下图所示。

（7）在该文件目录下新建一个文本文档 ciper.txt，用于接收
Vernam 序列密码算法加密后的字符串内容，即加密后的信息。

（8）根据文字指令提示，在输入加密结果文件名的地方输
入 ciper.txt。然后点击回车键，完成密文结果的录入过程。结果
如下图所示。

文本文档打开后结果如下图所示。

（9）在相同的明文信息和密钥情况下，将自己手写的密文信息的二进制码与经过密码工具 vernam.exe 生成的密文二进制码进行比较，验证是否加密正确。

解密

（1）解密过程承接以上加密的密文内容，对密文内容进行解密。首先按照文字指令提示，输入"2"，进入解密操作，结果如下图所示。

（2）根据文字指令提示，在密文的输入栏输入密文的文本文档 ciper.txt，然后点击回车键，完成密文信息的录入过程。结果如下图所示。

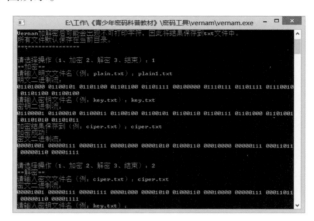

（3）根据文字指令提示，在密钥的输入栏输入密钥文本文档的名称 key.txt，然后点击回车键，完成密钥的录入过程。结果如下图所示。

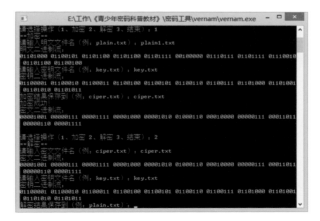

（4）在该文件目录下新建一个文本文档 plain2.txt，用于接收经过解密后的明文信息。

（5）根据文字指令提示，输入新建的文件名称 plain2.txt，并点击回车键。程序会根据密文和密钥信息，自动执行 Vernam 密码算法的解密算法，并输出解密后的明文信息，密文结果的录入在 plain2.txt 中。结果如下图所示。

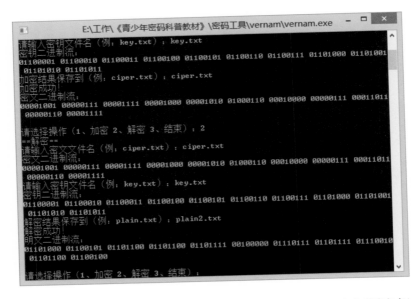

（6）打开文本文档 plain2.txt，查看解密结果。在相同密钥的情况下，验证解密是否正确。

（7）实验结束后，根据指令，输入数字"3"，退出密码工具 vernam.exe。

第三单元　简单的密码应用

网上购物

在我们通过电脑和手机提交订单，准备支付的时候，一般会有支付宝支付、微信支付、网上银行支付等多种支付方式。而以上方式都会需要输入一个支付密码，才能实现最终的支付。网上支付的过程中，也会用到加密技术。以支付宝为例，支付宝已经实施的密码技术保障措施有 SSL(Security Socket Layer) 加密机制、登录验证码、数字证书、登录支付密码独立支付盾、手机动态密码等。SSL 加密机制中采用了 RC4、MD5 以及 RSA 等加密算法。以上密码技术和算法保护了支付宝平台中账户的财产安全。

电子邮件

目前，电子邮件大多采用基于公钥密码体制的加密方式。首先我们需要介绍一下电子邮件公钥密码体制中两个重要的组成部分，即公钥基础设施 PKI(Public Key Infrastructure) 和证书颁发机构 CA (Certificate Authority)。PKI 是生成、管理、分发和撤销基于公钥密码的数字证书所需要的硬件、软件、密码算法等的总和，其中使用的密码算法包括散列函数（如 SHA1、MD5 等）、公钥密码算法等。CA 则通过对公钥密码算法生成的公钥证书进行签名，使用户确信证书上的公钥及其对应的私钥为证书的用户所拥有，验证了用户的身份，使得电子邮件在传递中能够审核验证双方的身份信息。除了身份的验证，电子邮件在信道传输中，也会使用公钥加密算法（如 RSA 算法）对邮件的内容进行加密，保护用户私密信息。

第四单元　密码法解读

密码法颁布的背景

　　密码技术为社会信息化的需求提供了信息加密保护和安全认证的功能。信息加密就是我们之前所讲的对明文加密，安全认证则是用哈希算法、签名算法等特殊的函数，确认信息是否被修改，来源是否可靠等认证功能。显然，密码技术是信息安全的关键基础和核心技术。然而，保障社会和国家的信息安全不仅仅需要密码技术支撑，也需要相应的法律法规的支持。因此，在 2019 年 10 月 26 日，十三届全国人大常委会还审议通过了《中华人民共和国密码法》(以下简称《密码法》)，标志着我国在密码管理和应用方面有了专门性的法律保障。

2019年10月26日，十三届全国人大常委会审议通过了《中华人民共和国密码法》

密码法的意义

　　《密码法》的颁布和实施，进一步健全了国家的法制，使得密码的社会应用和管理有法可依，为密码技术科学发展提供了法律支撑，为维护网络空间安全提供了法律保障，为密码领域的国际交流与合作提供了法律依据，为公民、法人及相关组织维护网络空间安全的合法权益提供了法律武器。

图书在版编目(CIP)数据

青少年密码科普读物/高玉龙,杨义先,梁兵杰著;
范文庆,吴俊桥主编. —上海:上海三联书店,
2023.1
ISBN 978 - 7 - 5426 - 7972 - 7

Ⅰ.①青… Ⅱ.①高… ②杨… ③梁… ④范… ⑤吴
… Ⅲ.①密码学-青少年读物 Ⅳ.①TN918.1 - 49

中国版本图书馆 CIP 数据核字(2022)第 234625 号

青少年密码科普读物

著　　者 / 高玉龙　杨义先　梁兵杰
主　　编 / 范文庆　吴俊桥

责任编辑 / 殷亚平
插　　图 / 王　桓
装帧设计 / 徐　徐
监　　制 / 姚　军
责任校对 / 王凌霄

出版发行 / 上海三联书店
　　　　　(200030)中国上海市漕溪北路 331 号 A 座 6 楼
邮　　箱 / sdxsanlian@sina.com
邮购电话 / 021 - 22895540
印　　刷 / 上海南朝印刷有限公司

版　　次 / 2023 年 1 月第 1 版
印　　次 / 2023 年 1 月第 1 次印刷
开　　本 / 890mm×1240mm　1/32
字　　数 / 100 千字
印　　张 / 2.25
书　　号 / ISBN 978 - 7 - 5426 - 7972 - 7/TN·56
定　　价 / 38.00 元

敬启读者,如发现本书有印装质量问题,请与印刷厂联系 021 - 62213990